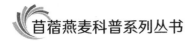

苜蓿燕麦科普系列丛书

苜蓿加工篇

MUXU YANMAI KEPU XILIE CONGSHU
MUXU JIAGONG PIAN

全国畜牧总站 编

中国农业出版社
北 京

MUXU YANMAI KEPU XILIE CONGSHU

苜蓿燕麦科普系列丛书

总 主 编：负旭江

副总主编：李新一　陈志宏　孙洪仁　王加亭

20 世纪 80 年代初，我国就提出"立草为业"和"发展草业"，但受"以粮为纲"思想影响和资源技术等方面的制约，饲草产业长期处于缓慢发展阶段。21 世纪初，我国实施西部大开发战略，推动了饲草产业发展。特别是 2008 年"三鹿奶粉"事件后，人们对饲草产业在奶业发展中的重要性有了更加深刻的认识。2015 年中央 1 号文件明确要求大力发展草牧业，农业部出台了《全国种植业结构调整规划（2016—2020 年）》《关于促进草牧业发展的指导意见》《关于北方农牧交错带农业结构调整的指导意见》等文件，实施了粮改饲试点、振兴奶业苜蓿发展行动、南方现代草地畜牧业推进行动等项目，饲草产业和草牧融合加快发展，集约化和规模化水平显著提高，产业链条逐步延伸完善，科技支撑能力持续增强，草食畜产品供给能力不断提升，各类生产经营主体不断涌现，既有从事较大规模饲草生产加工的企业和合作社，也有饲草种植大户和一家一户种养结合的生产者，饲草产业迎来了重要的发展机遇期。

苜蓿作为"牧草之王"，既是全球发展饲草产业的重要豆科牧草，也是我国进口量最大的饲草产品；燕麦适应性强、适口性好，已成为我国北方和西部地区草食家畜饲喂的主要禾本科饲草。随着人们对饲草产业重要性认识的不断加深和牛羊等草食畜禽生产的加快发展，我国对饲草的需求量持续增长，草产品的进口量也逐年增加，苜蓿和燕麦在饲草产业中的地位日

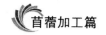

益凸显。

发展苜蓿和燕麦产业是一个系统工程，既包括苜蓿和燕麦种质资源保护利用、新品种培育、种植管理、收获加工、科学饲喂等环节；也包括企业、合作社、种植大户、家庭农牧场等新型生产经营主体的培育壮大。根据不同生产经营主体的需求，开展先进适用科学技术的创新集成和普及应用，对于促进苜蓿和燕麦产业持续较快健康发展具有重要作用。

全国畜牧总站组织有关专家学者和生产一线人员编写了《苜蓿燕麦科普系列丛书》，分别包括种质篇、育种篇、种植篇、植保篇、加工篇、利用篇等，全部采用宣传画辅助文字说明的方式，面向科技推广工作者和产业生产经营者，用系统、生动、形象的方式推广普及苜蓿和燕麦的科学知识及实用技术。

本系列丛书的撰写工作得到了中国农业大学、甘肃农业大学、中国农业科学院草原研究所、北京畜牧兽医研究所、植物保护研究所、黑龙江省农业科学院草业研究所等单位的大力支持。参加编写的同志克服了工作繁忙、经验不足等困难，加班加点查阅和研究文献资料，多次修改完善文稿，付出了大量心血和汗水。在成书之际，谨对各位专家学者、编写人员的辛勤付出及相关单位的大力支持表示诚挚的谢意！

书中疏漏之处，敬请读者批评指正。

MUXU JIAGONG PIAN

目　录

一、苜蓿收获

（一）收获时期

1. 为什么要重视苜蓿收获？

随着苜蓿收获机械化、标准化程度的提高，我国苜蓿产品质量不断提升。人们对苜蓿品质的评判不再停留在"望、闻、问、切"的人工判断方法上，而是依据各项重要营养指标对苜蓿产品的质量进行分级。人们更加重视苜蓿产品的质量，苜蓿产品质量越高，价格越高。影响苜蓿产品品质的因素较多，而苜蓿收获时的营养物质含量是决定苜蓿产品质量的最重要因素之一。为了获得高品质的苜蓿产品，需要收获技术和加工技术的密切配合。除品质外，收获还会影响苜蓿的当茬以及全年产

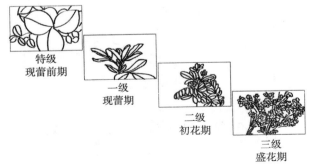

图1-1　不同生育时期收获的苜蓿对应的苜蓿干草产品等级

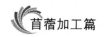

量，直接关系到首蓿生产的经济效益。因此，在首蓿生产过程中，必须重视收获这一环节。

2. 首蓿营养物质含量随生育时期变化的规律是什么？

首蓿营养物质含量的影响因素包括首蓿品种、生育时期、气候条件、土壤肥力和施肥灌溉等，其中生育时期影响最大。首蓿整个生育期可以分为 6 个生育时期，即分枝期、营养期、现蕾期、初花期、盛花期和结荚期。随着生育时期的变化，首蓿的营养成分含量呈现非常明显的规律性变化。因此，选对了收获的生育时期是保证首蓿产品质量的第一步。

一般来说，首蓿生育时期从营养期变化到结荚期，水分含量逐渐减少，干物质含量逐步增加，粗蛋白含量不断下降，与首蓿口感相关的酸性洗涤纤维、中性洗涤纤维、木质素的含量逐渐升高，干物质消化率和有机物质消化率不断下降。

首蓿的矿质养分含量也随着生育时期改变而变化。叶片钙含量变化较少，一般含量保持在 2%。茎秆钙含量呈逐渐下降趋势，孕蕾期约为 0.7%，盛花期为 0.56%。叶片磷的含量比茎秆略高，但总体来说差异不大，一般随生育时期的推进呈下降趋势。

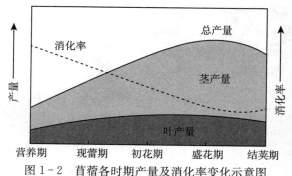

图 1-2　首蓿各时期产量及消化率变化示意图

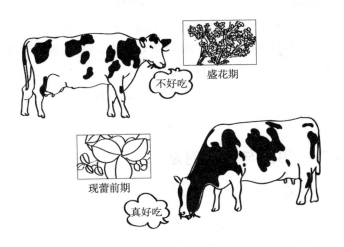

图 1-3 不同生育时期苜蓿口感

3. 为什么收获时叶片比例越高越好?

苜蓿最重要的营养成分就是蛋白质。苜蓿茎秆和叶片的粗蛋白含量差异较大，叶片粗蛋白含量一般为 22%～35%，茎秆粗蛋白含量一般为 10%～20%。叶片粗蛋白含量明显高于茎

图 1-4 苜蓿哪个部位最有营养

秆。随着生长发育的不断推进，茎秆和叶片的蛋白含量差异逐渐增大。

苜蓿的另外一个重要成分是纤维。纤维主要集中在苜蓿茎秆中，随着生育时期的变化，粗纤维含量逐渐增加，茎秆中纤

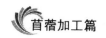

维含量较高，但是可消化的纤维比例较低。矿物质也是苜蓿的重要成分，其中钙是苜蓿的重要营养元素。钙在茎秆和叶片中的分布不同，叶片钙含量高于茎秆。

总而言之，苜蓿叶片营养价值高于茎秆，所以收获时叶片比例越高，营养价值也就越高。

（二）用途与收获时期

4. 青饲苜蓿什么时候收获？

苜蓿刈割后直接饲喂牲畜是一种常见的利用方式。饲喂新鲜苜蓿给反刍动物时，注意要和其他干草或者精饲料搭配饲喂，因为新鲜苜蓿中的皂苷含量较高，在反刍动物的瘤胃中形成难以消除的大量持久性泡沫，导致瘤胃胀气。

青饲苜蓿的刈割时间主要受饲喂的牲畜种类影响。马、牛、羊等草食动物对粗纤维含量较高的苜蓿也能很好地利用，

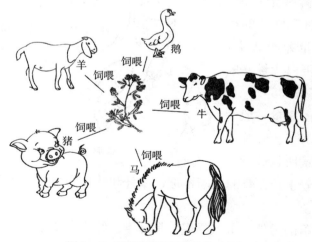

图 1-5　青饲苜蓿可饲喂不同动物

在现蕾期至盛花期刈割皆可。但对于幼畜和奶牛，应该在孕蕾期至初花期刈割。猪、鸡等非草食动物对纤维含量较高的苜蓿消化利用效果较差，需要饲喂幼嫩的苜蓿，宜在苜蓿生长高度达到40cm左右、处于现蕾之前的营养期时进行刈割。该生长阶段的苜蓿可以作为蛋白质和维生素的补充饲料。

5. 青贮苜蓿什么时候收获？

青贮饲料有动物的"草罐头"的美誉。苜蓿青贮饲料是新鲜苜蓿调节水分后在厌氧条件下经乳酸菌发酵后形成的粗饲料。这种饲料气味酸香，青绿多汁，营养丰富，动物很喜欢吃。青贮的优点是调制过程中养分损失小，消化率高，能够长期保存，可以作为商品草流通。目前苜蓿青贮饲料已经成为现代畜牧业重要的粗饲料之一，在奶牛养殖中应用极为普遍。苜蓿青贮饲料主要饲喂给反刍动物，也可以饲喂给部分单胃动物，如猪、鹅等。

我国北方和南方都可以调制青贮饲料，调制青贮饲料的苜蓿一般在现蕾期至初花期收获。

图1-6　青贮苜蓿口感好

6. 调制干草的苜蓿什么时候收获？

苜蓿干草是苜蓿刈割晾晒后形成的水分含量14％以下的饲料产品。将水分含量降至14％以下，可以防止干草发霉变质，这个含水量也被称为安全含水量。

苜蓿干草是蛋白质和优质纤维的极好来源。苜蓿干草蛋白质和矿物质含量高，是草食动物的优质饲料。苜蓿干草饲喂奶牛能够提高牛奶的质量和产量，是高产奶牛的重要粗饲料之一。苜蓿干草也是目前最受欢迎的赛马饲料之一。

调制干草应该在现蕾期至初花期收获苜蓿。为了获得质量更好的苜蓿干草，有些牧草生产企业选择在现蕾期之前收获。

现在我国有一些企业生产宠物苜蓿干草，一般在现蕾期收获。

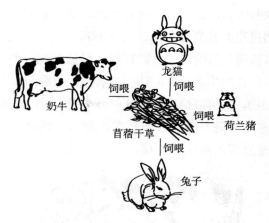

图 1-7　苜蓿干草可饲喂不同动物

7. 做草粉的苜蓿什么时候收获？

苜蓿草粉是以苜蓿干草为基础进一步加工而成的草产品，一般分为饲用和食用两种。饲用苜蓿草粉是一种调整配合饲料适口性及理化性状的草粉类饲料原料，可制成颗粒饲料或配制畜、禽、兔、鱼的全价配合饲料。添加苜蓿草粉的配合饲料可以调节牲畜肠道菌群组成和结构，影响营养物质的消化代谢。

作为色素添加剂，饲喂蛋鸡可以使蛋黄更黄，饲喂肉鸡可以使皮色更黄。作为纤维供应源，饲喂母猪可以改善健康状况、提高产仔率。在育肥猪的日粮中添加5％的苜蓿草粉可以提高平均日增重。生产草粉的苜蓿一般在营养期至现蕾期收获。食用草粉添加比例一般在10％以内。苜蓿草粉含有生物活性因子，食用后可以提高身体免疫力。有人将苜蓿草粉与其他作物干粉混合，开发出了诸多保健品、代餐粉、奶茶等。

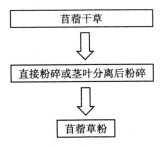

图1-8　草粉加工过程

8. 做草颗粒的苜蓿什么时候收获？

苜蓿草颗粒是苜蓿草经过干燥、粉碎、制粒后得到的成型饲料。颗粒饲料在制作过程中，经过蒸汽处理和机械挤压，植

图1-9　草颗粒口感好

物性饲料原料的细胞壁遭到破坏，营养物质更容易被动物消化、吸收和利用。苜蓿草颗粒蛋白含量高，一般用于饲喂牛羊等反刍动物，还可以饲喂鹅、猪、兔等单胃动物。

做苜蓿草颗粒的苜蓿与调制干草的苜蓿收获时期一致，也是在现蕾期至初花期收获。

9. 做叶蛋白的苜蓿什么时候收获？

叶蛋白又称绿色蛋白浓缩物。苜蓿叶蛋白是以新鲜苜蓿的茎叶为原料，经过细胞破碎、压榨分离后，从汁液中提取的浓缩粗蛋白产品。苜蓿叶蛋白营养价值高，粗蛋白含量达到50%～60%。苜蓿叶蛋白富含氨基酸、糖、脂肪、叶黄素、维生素、矿质元素。苜蓿叶蛋白可以用于饲料、食品、医药、日用化工用品和植物生长营养调节剂。提取叶蛋白的苜蓿在现蕾期至初花期收获最好。在现蕾期至初花期刈割，原料幼嫩、细胞壁薄、汁液多、纤维素含量低，便于加工处理，叶蛋白的提取率（提取的叶蛋白中粗蛋白总量与鲜苜蓿中的粗蛋白总量比值）高于其他生育时期。而初花期的叶蛋白得率（叶蛋白干重与苜蓿鲜重比值）稍高于现蕾期。

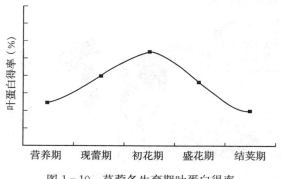

图 1-10　苜蓿各生育期叶蛋白得率

（三）收获前需要考虑的因素

10. 苜蓿收获要考虑哪些因素？

确定苜蓿收获方案需要考虑多种因素。应该综合考量各种因素后制定合适的收获方案。苜蓿收获次数与种植地区的气候及土壤有关。为了获得最好的苜蓿产品，需要考虑苜蓿本身生长发育状况、天气情况及设备情况。无论是哪个地方种植，进行苜蓿的收获都要做好下述三个准备工作：一是观察苜蓿生育时期，适时刈割。二是关注天气情况，并提前准备维护并检修相关的机械设备，购置耗材，准备相关的贮存设施，配备技术人员。三是做好收获后管护工作。

图 1-11　苜蓿适时收获

11. 机械收获还是人工收获？

现在生产上采用的收获方式主要是机械收获。在某些没有

机械作业条件的地区，还存在人力收获。

当大面积种植苜蓿时，必须采用机械设备进行苜蓿的收获。留茬高度在 5~8cm。使用机械收获的好处就是效率高，牧草品质一致。在苜蓿种植面积较小、不适合机械化收

图 1-12 苜蓿机械化收割

获的地区以及机械化程度不高的地区，可采用人工收割方式收获苜蓿。人工收获灰分较少，可以适当降低留茬高度，为 5~6cm。

12. 满足哪些条件就可以开始收获?

当苜蓿满足以下条件，就可开始收获了。首先要确保苜蓿处于现蕾期至初花期；其次天气持续晴好，收获机械已经就位；再次，存放苜蓿产品的设施已经准备好。除了这些条件外，还要注意一些细节问题，包括灌溉时间和农药使用问题。为保证收割机在苜蓿田中正常行驶，最后一次灌水距离时间已达到 5d 以上，在持水性较差的土地，比如沙土地上，至少保

可以收获苜蓿了

图 1-13 苜蓿收获的条件

证灌水已经达到 3d 以上。为避免农药残留及对收获人员的健康产生影响，最后一次喷洒农药的时间已达到 20d 以上。

（四）苜蓿全年收获次数及产量

13. 苜蓿一年可以收获多少次？

苜蓿一年中可以多次再生，多次刈割。收割次数与各地自然气候条件、田间管理条件及品种特性等因素有关。

一般来说，在气候温暖、无霜期较长、水肥条件好、管理水平高的地区刈割次数较多，如华北平原可以刈割 5～6 次。相反，气候寒冷、生长季较短的地区刈割次数较少，如黑龙江省每年仅能刈割 2～3 次。春播苜蓿当年刈割次数通常比建成草地少 1～2 次。

存好能量好过冬

图 1-14　苜蓿越冬

最后一茬苜蓿刈割，需要避开霜前一个月和霜后半个月。

14. 苜蓿哪一茬产量最高？

苜蓿每茬次刈割产量与刈割时苜蓿生长状态关系密切。如果每茬皆在同一生育时期刈割，由于每茬同一时期的苜蓿高度逐渐降低，苜蓿第一次刈割的产草量最高，以后几次刈割的产草量逐渐降低。如果每茬皆在相同高度刈割，除最后一次刈割时可能高度比较低外，各茬次苜蓿产量相差不会太大。

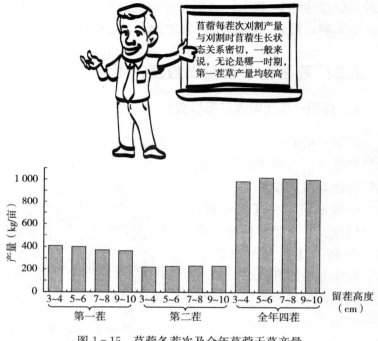

图 1 - 15　苜蓿各茬次及全年苜蓿干草产量

15. 苜蓿哪一茬质量最好?

苜蓿一年可收割多次,各茬次处于相同的生长发育阶段时,选择相同的留茬高度进行刈割,从苜蓿鲜样所含有的粗蛋白、粗纤维来说,差别不大。但是第一茬苜蓿调制干草时,由于一般处于初夏,天气晴朗,光照强度大,淋雨概率低,调制成优质干草的概率很大,因此一般认为第一茬苜蓿调制的干草质量最好。

但是作为蔬菜食用时,经常选择口感较好的第一茬的苜蓿。此时的苜蓿由于昼夜温差大,积累的碳水化合物比较多,而且新枝细嫩,口感比较好。其他茬次由于底部的旧茬影响,口感较差。霜后末次刈割的苜蓿由于处于营养期，质量通常很好。

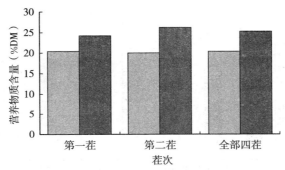

图 1-16　各茬次苜蓿粗蛋白及粗纤维含量

注：浅色柱显示粗蛋白含量，深色柱显示粗纤维含量

16. 怎样收获才能使全年苜蓿总产量高?

在进行苜蓿生产过程中，人们重视的非常重要的一个目标就是全年的总产量。不同的生育时期进行收获，苜蓿的刈割次数将会发生变化。

苜蓿的全年产草量是影响种植苜蓿的经济效益的重要指标。在不同生育时期进行收获，全年生产性能存在着很大的差异。尹强在银川和青岛进行了"金皇后"苜蓿的不同刈割时期与全年刈割茬次及鲜草、干草产量研究，发现在苜蓿现蕾前期至现蕾期进行收获，可获得最大的全年鲜草总产量。在初花期进行刈割，可获得最高的全年干草产量。在盛花期至结荚期进行收获，苜蓿全年鲜草产量和干草产量均不能达到最高。在现蕾期及初花期刈割，虽然每茬产量较低，但是由于刈割次数较多，全年产量较高。在盛花期刈割，虽然每茬产量较高，但是由于刈割次数减少，全年产量较低。当然也有人认为在盛花期刈割，苜蓿利用年限较长，但是，在目前的市场上，人们不仅

重视数量，更注重质量，盛花期收获的苜蓿难以卖上好价钱。

华北地区收获时期与全年苜蓿干草产量

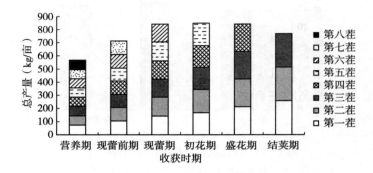

西北地区收获时期与全年苜蓿干草产量

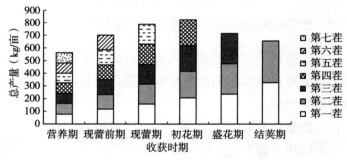

图 1-17　不同地区苜蓿收获时期与全年产量

图 1-18　苜蓿产量比较高

（五）怎样留茬

17. 留茬高度影响什么？

留茬高度，影响了当茬苜蓿的产量和品质，并影响全年的苜蓿总产量。图 1-19 显示了留茬高度对每年牧草产量的影响。当留茬高度在 5～8cm 时，可以保证全年牧草产量处于较高水平。

当留茬高度过高时，虽然可以提高当茬干草的相对饲喂价值（RFV），同时也相应降低了当茬干草的产量。相对饲喂价值是评定饲料营养价值的物质单位，也是计算苜蓿干草营养价值的重要指标，目前多使用公式进行计算，计算公式为：

$$RFV = \frac{120 \times (88.9 - 0.779 \times ADF)}{1.29 \times NDF}$$

式中，RFV 包含了两个值，一个是中性洗涤纤维（NDF），另一个是酸性洗涤纤维（ADF）。

留茬高度过低，虽然可以在当茬多收一些干草，但会增加 NDF 和 ADF，降低牧草的 RFV。由于苜蓿基部的叶片大部分被收割，减少了残茬的光合作用，并且对苜蓿地下根部可溶

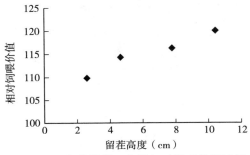

图 1-19　留茬越低，苜蓿相对饲喂价值越低

性糖、丙二醛、脯氨酸和可溶性蛋白贮藏性物质积累造成不良影响，影响了苜蓿刈割之后再生的速度，进而影响以后各茬的产量。留茬高度还会影响产品灰分含量，留茬偏低，地面泥土被带进苜蓿中，灰分含量增加。

18. 留茬对全年苜蓿产量有什么影响？

从全年总产量角度来看，将留茬高度设置过低会影响下茬牧草再生以及下茬牧草产量，使全年总产量偏低。当连续多次刈割留茬高度比较低时，将会造成紫花苜蓿建植草地的急剧衰退。尹强在银川和青岛进行了留茬与产量关系的研究，当留茬高度分别为 3～4cm、5～6cm、7～8cm、9～10cm 时，全年苜蓿干草产量分别为 979kg/亩、1 016kg/亩、1 007kg/亩和 986kg/亩。当留茬高度较高时，部分叶片及茎秆被留在苜蓿田中，当茬苜蓿的产量受到影响，而且会在一定程度上抑制再生草的生长，影响下茬产量。因此，只有在实际生产中保证 5～8cm 的留茬高度，才能保证苜蓿的高产。但苜蓿地不平整，或者在沙土地上种植的苜蓿，还需要进一步提高留茬高度。

留茬高度5~8cm
较适宜

图 1-20　苜蓿留茬高度

19. 留茬高度对苜蓿营养成分有什么影响?

苜蓿各部位营养成分含量不同。茎秆中蛋白质含量较低,纤维含量较高。叶片中纤维含量较低,蛋白质含量较高。上部及下部叶片的营养物质含量没有什么差别。上部茎秆的纤维含量较低,下部茎秆不仅纤维含量较高,而且木质化程度较高,适口性差。留茬高度较低时,收获的苜蓿纤维含量较高,蛋白质含量较低,影响收获时苜蓿的品质,苜蓿产品的中性洗涤纤维和酸性洗涤纤维含量升高,进而降低苜蓿最终产品的相对饲喂价值。

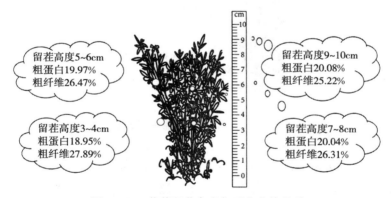

图 1-21　苜蓿留茬高度与干草营养品质

一般情况下,留茬高度越高,收获的苜蓿品质越好。但留茬高度在一定范围内,品质提升范围有限,且影响当茬苜蓿产量和下茬苜蓿再生速度。因此,一般苜蓿留茬高度为 5～8cm。

20. 最后一次刈割留茬多少?

在气候较温暖地区,最后一次留茬高度可以和正常刈割一样,为 5～8cm。

秋季最后一次刈割的留茬高度影响苜蓿的越冬情况。在我国北方纬度较高，冬季气温较低，紫花苜蓿根茎部位易受冻害影响而死亡，从而使大面积的紫花苜蓿无法正常返青，对苜蓿生产造成严重的影响。

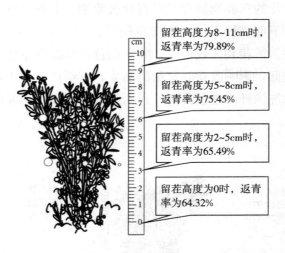

图1-22　留茬高度影响返青率

进入初霜期后，受到周围环境温度的影响，紫花苜蓿细胞间隙结冰，会引起细胞失水，气温越低，失水越严重，到达一定程度后，胞间冰块挤压，撕扯原生质膜，细胞死亡。为了抵御外界的低温环境，细胞通过积累有机物和无机物，增加越冬器官细胞液单位面积的容积，维持寒冷环境下细胞结构和生理功能，来抵抗低温胁迫。留茬高度影响苜蓿根部物质积累，留茬越高，营养物质积累越多，从而提高紫花苜蓿的越冬能力。因此，最后一次刈割时的留茬高度对苜蓿越冬有非常重要的作用。一般来说，在气候寒冷地区，最后一次刈割高度要高于平常的留茬高度，可为 8~11cm。

21. 收获后的苜蓿能加工成什么产品?

收获后的苜蓿有以下几种加工方式。苜蓿经过自然干燥或人工干燥后可以调制成苜蓿干草。苜蓿干燥后经过粉碎,可以成为苜蓿草粉。草粉经过压缩制粒后成为草颗粒、草块。苜蓿经过密封保存45d以上,可以调制成青贮饲料。新鲜苜蓿经过破碎、浓缩、蛋白凝聚后成为苜蓿叶蛋白。苜蓿干草和青贮饲料是目前反刍动物生产中用量较多和市场需求量较大的草产品。在奶牛养殖中,苜蓿干草是优质粗饲料。草粉、草颗粒、叶蛋白等的应用对象较为广泛,不仅可以用于反刍动物,在单胃动物、家禽及水产养殖中都可以使用。苜蓿还可以加工成宠物饲料。

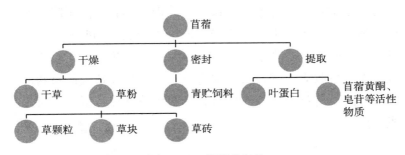

图 1-23 苜蓿草产品

二、干草调制

22. 调制干草需要哪几步？

新鲜收获的苜蓿含水量高，而干草含水量低，将苜蓿调制成干草的过程就是降低苜蓿含水量的过程。在干燥的早期，植物细胞尚未死亡，还在进行呼吸作用，在这个过程中，营养损失较多，当苜蓿含水量降低 40％ 以下时，呼吸作用才停止。因此，苜蓿含水量降低得越快，营养损失越少。为了降低收获过程造成的营养损失，需要尽量缩短水分散失的时间，因此刈割后需要晾晒和翻晒。当水分含量在 40％ 以下时，需要及时把苜蓿散草收集成垄，防止水含量过低时作业造成的苜蓿叶片脱落，降低苜蓿干草营养价值。苜蓿水分继续降低，就可以打成草捆了。

刈割
晾晒
翻晒
集垄
打捆
贮藏

图 2-1　调制苜蓿干草步骤

23. 什么天气可以刈割苜蓿调制干草?

当苜蓿处于合适的生育期,需要安排机械进行苜蓿的刈割和干草的调制加工。在干草的调制过程中,天气是非常重要的影响因素。我国苜蓿干草几乎都是自然晾晒的。在自然状态下,苜蓿的干燥速度受到天气、湿度、气温、日照、风力等因素的影响。晴好的天气非常有利于调制干草。苜蓿水分从刈割时的 80%左右降至可以打捆的 20%左右需要 3～4d,降低的过程存在着水分不断波动的情况。采用自然干燥方式调制干草,一般需要连续 5d 以上无雨方可安排刈割作业。采用人工干燥方式调制干草受天气影响较小,但也需要在田间晾晒 1～2d,接着使用烘干设备快速烘干苜蓿。在苜蓿晾晒的过程中如果遭遇降雨天气,会造成苜蓿干草发黄,不仅影响干草的外观,还影响营养品质。因此,在苜蓿干草的调制过程中,需要根据苜蓿地面积大小和机械设备情况,寻找合适的天气。

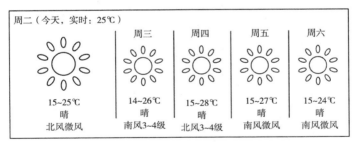

图 2-2　查看天气预报,连续晴天适合调制干草

24. 苜蓿调制干草时需要什么机械?

苜蓿调制干草时,需要刈割压扁机、翻晒机、搂草摊晒机、打捆机、草捆捡拾装卸车等。

旋刀式收割机速度快、适应性强，为目前常用收割机。为提高苜蓿干燥效率，需使用带有茎秆压扁装置的自走式割草压扁机械。根据每秒刈割牧草量调节压扁辊间距离。目前，田间生产中使用的收割机常常是集牧草收割、茎秆压扁和搂成草垄等功能于一体的牧草割晒机。该机操作简便、田间作业灵活、功能强大。

搂草摊晒机是一种具有双重功能的机具，不仅能够摊晒苜蓿，而且还能够在打捆或青贮前将苜蓿收集起来，形成条状草垄。搂草翻晒机有侧方式、滚轮式和堆卸式 3 种。侧方式草垄翻晒机是应用最广泛的机型。在不打捆的松散苜蓿干草的晾晒中常使用堆卸式草垄翻晒机。滚轮式搂草翻晒机常用于地势崎岖、不平坦的山地。

目前国内外打捆机的种类和型号较多，主要有捡拾打捆机和固定式高密度打捆机两种。捡拾打捆机在田间捡拾干草条，边捡拾边压制成草捆。

图 2-3　苜蓿刈割

按照打出草捆的形状分为方捆打捆机和圆捆打捆机。目前的机械化作业多采用捡拾打捆机进行田间作业。

苜蓿青干草打捆后，需要草捆捡拾装卸车进行搬运，以提高工作效率，减少繁重的体力劳动。田间大圆草捆需依靠悬挂式拖车或前端有尖头叉的装卸车搬运。

25. 为什么收获的时候要压裂茎秆?

苜蓿收获后，由于植物的呼吸作用，营养物质还在不断损失。调制优质苜蓿干草时，苜蓿水分降低的过程越短，营养损失越小。由于表面覆盖蜡质层、角质层和表皮，苜蓿茎秆内部水分蒸发速度较慢。在生产过程中，叶片的干燥速度明显比茎秆干燥速度快。为了防止叶片和茎秆干燥速度不一致，叶片集拢和打捆时因过干而脱落，导致营养严重损失，就需要加快茎秆的干燥速度。压裂茎秆后，水分散失速度将会加快。因此，在收获时要压裂茎秆，缩短晾晒所需要的时间。

图 2-4 压裂茎秆后水分散失更快

26. 苜蓿怎么晾晒?

苜蓿刈割后，可采用翻晒机进行晾晒。苜蓿的干燥速度与草条宽度有关，刈割后宽草条晾晒的苜蓿草（草条宽度为割台宽度的 70%）含水量在 8h 内可降到 65%。而同样条件下的窄草条（草条宽度为割台宽度的 30%以下）到了第二天含水量才能降到 65%。

在草条较厚时，翻摊 1~2 次。为减少翻晒时叶片脱落，尽量利用早、晚时间段翻晒。在这个时间翻晒，田间湿度较大，可以减少翻晒造成的叶片损失。最好在割草后等地面晒干再摊晒，可减少早晨地面的露水造成的返潮。采用便携式水分测定仪或用微波炉快速检测苜蓿含水量。苜蓿含水量降至 35%~40%时，搂草集垄。

图 2-5　苜蓿晾晒

27. 什么时候搂草和打捆?

当苜蓿含水量降至 35％～40％，进行搂草。采用水平耙式搂草机等机械，将机械的耙齿可调整至距地面 2cm，可以减少泥土的混入，显著降低干草的灰分含量。草条晾晒过程中若遭受轻度雨淋，应待上面草层雨水完全蒸发后再搂草。

最好选择早上或傍晚大气湿度相对较高的时段进行打捆。若晚上的湿度适中，亦可连夜作业。摊晒的苜蓿干草含水量在22％以下时可以压制小方捆。摊晒的苜蓿干草含水量降至12％～14％时方可压制大方捆。天气条件不利时，可以先将苜

图 2-6　苜蓿打捆

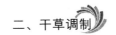

蓿打成低密度草捆，转移到库房中继续干燥。

28. 调制苜蓿干草时能用防腐剂吗？

调制干草时，可使用防腐剂。在调制干草的过程中，可能遇到不良天气时，需要进行高水分打捆。在安全水分（含水量14％）以上进行打捆，干草中的微生物还会继续活动，会使牧草发热、霉变甚至腐烂。添加防腐剂可以抑制干草捆中微生物活动。常用的干草防腐剂包括有机酸及其盐类、铵盐和生物制剂等。我国目前允许使用的饲草料化学防霉剂品种有甲酸、甲酸钙、甲酸铵、乙酸、双乙酸钠、丙酸、丙酸钙、丙酸钠、丙酸铵、丁酸、乳酸、苯甲酸、苯甲酸钠、山梨酸、山梨酸钠、山梨酸钾、富马酸、氧化钙。生物制剂有植物乳杆菌、啤酒酵母和谢曼丙酸杆菌。在苜蓿干草实际生产中较少使用防霉剂。

图 2-7　干草防腐剂

29. 天气不好的时候怎么调制苜蓿干草？

天气不好的时候可以采用人工干燥方法调制干草，一般遵循的原则是"淋前不淋后，淋薄不淋厚，淋散不淋捆"。就是说调制干草时，尽量根据降雨时间调整干草调制时间，如果雨量不大，在雨淋后再安排作业；在降雨时，不搂草打捆，待降

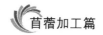

雨过后继续晾晒。或者在降雨时，将散草运送至通风、干燥的库房继续干燥，直到达到合适的水分后再进行搂草打捆。也可以利用人工干燥将苜蓿继续干燥。这种方法可以避免天气情况对干燥过程的影响，也能减少干燥过程中营养物质损失，但缺点是成本高，有人计算得出每吨苜蓿干草人工干燥成本会增加100元左右。

如果天气实在不适合调制干草，可以选择调制成青贮饲料。

图 2-8　在通风的地方继续晾晒干草捆

30. 人工干燥有哪些方法？

人工干燥有常温鼓风干燥法、低温烘干法和高温快速干燥法。常温鼓风干燥法是借助吹风机、送风机等将含水量降至40%～50%的苜蓿进行干燥，一般在露天堆贮场或者在草棚中进行。低温烘干法是将空气加热到50～70℃或120～150℃后，鼓入干燥室，利用热空气的流动完成干燥。这种方法需要成套的设备和加热装置，包括空气预热锅炉、鼓风机、牧草传送装置和牧草干燥室。高温快速干燥是使用烘干机将苜蓿在700～1 000℃的高温环境中快速干燥，时间只需要3～10min。这种方法调制的干草粗蛋白含量较高，但是干燥过程中蛋白质发生变性，降低了干草的适口性和消化率。

图 2-9　人工干燥方法

31. 脱水苜蓿是什么?

市面上的脱水苜蓿是西班牙生产的。主要经过刈割、田间晾晒、快速脱水、打捆形成的。这种苜蓿干草与常规的自然干燥苜蓿有很大的区别。脱水苜蓿的长度较短，刈割时就将苜蓿切割成 10～20cm，在田间晾晒 2d，含水量降低至 30%～

图 2-10　烘干苜蓿与自然晾晒的苜蓿的区别

35%，然后运送至加工厂，用 250℃ 的烘干机进行快速脱水，水分含量降低至 8%～12%。然后去除石头及杂质，降温后进行打捆，包装及运输。脱水苜蓿在使用上也与常用的苜蓿干草有区别，在调制全混合日粮时，需要在最后添加脱水苜蓿，然后混合。

32. 有哪些苜蓿干草等级标准?

苜蓿干草的质量分级已有标准，我国在 2006 年颁布了农业行业标准《NY/T 1170—2006 苜蓿干草捆质量》，基于感官要求和理化指标进行分级。感官指标要求无异味或有干草芳香味道；色泽应为暗绿色、绿色或浅绿色；干草形态基本一致，茎秆叶片均匀一致；草捆层面无霉变，无结块。并根据理化指标进行分级，具体数值见附录 1。

图 2-11　苜蓿干草捆质量标准

我国苜蓿市场除了使用行业标准外，还参考了苜蓿干草的相对饲喂价值 RFV 进行定价。目前国内苜蓿干草品质主要为一级和二级，等级越高，售价越高。不同生育时期、不同生长高度、干燥条件、不同留茬高度以及外界环境变化对苜蓿干草品质影响显著。

三、苜蓿青贮饲料

（一）调制苜蓿青贮饲料的目的

33. 什么是苜蓿青贮饲料？

青贮饲料是将青绿饲料切碎后，经过密封、发酵后而成。青贮发酵是一种厌氧发酵过程，饲草的可溶性碳水化合物在乳酸菌及其分泌酶的作用下转化为乳酸。随着乳酸的不断积累，青贮饲料的 pH 也不断下降。低 pH 环境会抑制杂菌的繁殖，最终抑制青贮饲草中的所有微生物活动，使饲草营养成分稳定下来。从含水量的角度，青贮饲料分为一般青贮饲料和半干青贮饲料。苜蓿一般需要将含水量调节至 $45\% \sim 60\%$，调制成半干青贮饲料。成功的苜蓿青贮饲料的 pH 一般在 5 以下，可以在维持饲草固有营养价值及适口性基本不变的情况下，达到长期贮藏的目的。青贮成功的重要条件是提供厌氧状态和酸性环境。在青贮饲料制备过程中，牧草与空气隔绝的速度越快，越有利于乳酸菌生长和分解可溶性碳水化合物，进而越有利于快速建立起酸性环境、成功实现青贮。青贮饲料比新鲜饲料耐储存，营养成分强于干饲料，并且，青贮饲料气味酸香、柔软多汁、适口性好、营养丰富，是家畜优良饲料来源，主要用于喂养反刍动物。

图 3-1　乳酸菌把苜蓿变成了青贮饲料

34. 为什么要调制苜蓿青贮饲料?

与调制干草相比,调制苜蓿青贮饲料对晴好天气要求降低。我国北方地区大多雨热同季,收获第 2、3 茬苜蓿时,降雨较为频繁,较难找到连续的晴好天气,调制干草较为困难。调制青贮饲料时,一般需要连续三天晴好天气即可。如果种植面积过大,时间还需要增加。调制的青贮饲料具有营养成分损失少、适口性高、消化率高的特点。

由于苜蓿收获时含水量一般较高,为避免营养物质损失,提高青贮的成功率,需要将苜蓿水分降低之后再进行青贮。苜蓿青贮一般采用半干青贮,也就是说,苜蓿含水量需要降低到45%～60%。半干青贮容易成功。

青贮饲料青绿多汁,很好吃

图 3-2　青贮饲料口感好

图 3-3　水分含量 45％～60％的饲草制作青贮饲料成功率最高

（二）调制苜蓿青贮饲料的方法

35. 制作青贮饲料的方式有哪些?

青贮的制作方式有很多种，根据饲养规模、地理位置、经济条件和饲养习惯可分为：窖贮、袋贮、包贮、池贮、塔贮、平面上堆积青贮等。目前，常用的青贮方式有青贮窖、青贮壕、地面堆贮、拉伸膜裹包青贮、袋装青贮等。

图 3-4　常用的青贮方式

36. 什么是青贮窖/壕?

青贮窖一般四周筑墙并留有机械进出的门。青贮窖和青贮壕都有地下式、半地下式和地上式。青贮窖的形状有圆形、方形、长方形。青贮窖和青贮壕通常采用砖砌、石砌，或水泥沙石浆浇筑。一般需要根据饲养家畜的数量、以后发展规模及饲草的利用方式（取料设备）等确定青贮窖/壕修建的形式、形状和大小。为保证青贮质量，要对青贮饲料进行充分压实。青贮窖和裹包青贮等相比的主要优点是造价低，青贮窖的缺点是压实等操作不当造成贮存损失较大，易产生成片腐败，造成巨大经济损失，尤以土窖为甚。

青贮壕在实践中多采用地下式，以长方形的青贮壕为好。壕的边缘要高出地面 50cm 左右，以防止周边的雨水浸入。在青贮壕填装时青贮料要高出壕沿上端 50cm 左右并压实。在地下水位高的地方采用半地下式，地面倾斜以利于排水，最好用砖石砌成永久性壕，以保证密封性能和提高青贮效果。

图 3-5　地上窖式青贮

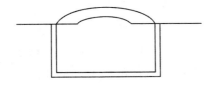

图 3-6　地下青贮壕

37. 什么是地面堆贮？

选择一块地下水位较低，干燥、平坦的地面，铺上塑料

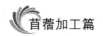

布，然后将青贮料卸在塑料布上堆成堆。四边压成斜坡，压实后用塑料布封好，用轮胎压实青贮堆的上部及塑料布结合处，形成密闭空间，促进苜蓿发酵。优点是可节省建窖的投资，贮存地点灵活；缺点是青贮量较小，且很难压实，青贮饲料的质量较难控制。苜蓿堆贮工艺路线和窖贮相似，主要是堆贮场应选择地势高、干燥和土质较为坚实的平地上，地面最好进行硬化，堆底要高于地面 20cm。

图 3-7　地面堆贮

38. 什么是拉伸膜裹包青贮？

拉伸膜裹包青贮是指将收割好的新鲜牧草或秸秆经捆包机高密度打捆，然后采用专业的拉伸膜进行缠绕裹包，从而创造一个厌氧环境，最终完成乳酸发酵过程，形成优质青贮饲料。青贮专用塑料拉伸膜是一种薄的，具有黏性，专为裹包草捆研制的塑料拉伸回缩膜。一般是将它放在裹包机上使用，这种拉伸膜会回缩，紧紧地裹包在草捆上，从而能够防止外界空气和水分进入，形成厌氧状态。这种青贮方式适合于商品化苜蓿青贮饲料的生产。裹包青贮具有不受青贮地点的限制，损失浪费小，便于草料的商品化生产等优点。但是，裹包青贮要求专业配套的加工器械，需要投入的成本较高，一般国产小型拉伸膜青贮裹包机在 3 万元左右，进口的机器价格更高。总之，拉伸膜裹包青贮是一种新型的青贮饲料加工方法，可以实现青贮饲料的专业化、规模化生产，商品化、产业化经营。目前，拉伸膜裹包青贮的市场接受度越来越高，应用前景越来越广阔。

苜蓿拉伸膜裹包青贮的制作过程是，通过晾晒或萎蔫处理将苜蓿水分含量降至 50％～65％，用专用捆包机高密度捡拾压捆，用塑料网或麻线固定草捆形状，然后利用青贮裹包机用塑料薄膜多层（一般 6 层）裹包密封。草捆密度一般为 160～230kg/m³。草捆直径 1.0～1.2m、高度 1.2～1.5m。重量一般不超过 600 kg/捆。商品化苜蓿青贮饲料主要以拉伸膜裹包青贮为主。裹包青贮可以随用随开，减少浪费和发霉变质等问题，便于长距离运输。但是其缺点是制作成本和运输成本较高，并且废弃拉伸膜如果处置不当，易导致环境污染。

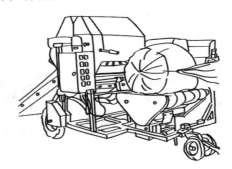

图 3-8　拉伸膜裹包苜蓿青贮

39. 什么是袋装青贮？

袋装青贮饲料是将切割好的青贮料放进塑料口袋内压实，排出里面的空气以达到密封效果，袋内饲料养分损失一般为3％～10％。袋子装满后需要实施以下工序：压实、随装、随踩、压紧，保证袋子内的空气能较好地排出。小型袋装青贮基

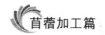

本上为每个青贮袋长 160～180cm，装切碎的青贮料 200～250kg。然而，大型袋装青贮与地面堆贮类似，用一个大的塑料袋，通过专用设备进行压实和抽成真空，适合大型牧场应用。塑料袋青贮应采用性能稳定、不易折损的厚质塑料薄膜制成，且材质无害、质量较好。塑料袋青贮饲料的可移动性较好，操作方便。袋装青贮饲料的利用方法与常规青贮相同，需要特别注意开袋后要尽快用完，用不完的要及时扎紧袋口，防止二次发酵。另外，如果在冬季放置在户外容易产生冻块，需要解冻后再饲喂。

袋式灌装青贮的加工工艺是利用袋式灌装机将切碎的苜蓿草装入由塑料拉伸膜制成的专用青贮袋中。袋贮采用机械连续灌装，密度均匀，密度可达到 $0.7t/m^3$。袋装青贮需要购置专用设备，配置专业的技术人员。

图 3-9　苜蓿袋式灌装青贮

40. 如何收获苜蓿原料?

综合考虑苜蓿的产量和青贮饲料的质量，一般选择现蕾期至初花期刈割苜蓿，并调制成青贮饲料。收获时需要根据收获量确定收获时间，种植面积较大的企业可能需要昼夜连续作业。

刚收获的苜蓿水分含量较高，直接调制成青贮饲料时，可溶性营养物质容易与水分一起流失，而且容易引发腐败变质。为了减少营养物质流失，提高青贮成功率，需要调节苜蓿的含水量。含水量在 45％～70％的苜蓿都能够调制成青贮饲料。但是，由于苜蓿本身可溶性碳水化合物较低，缓冲能值较高等特性，含水量调节至 45％～60％时，成功率较高。

在苜蓿水分含量太高，收获时天气情况较差，不能晾晒的情况下，可以将苜蓿与其他含水量较低的饲草（如玉米秸秆、稻壳、麸皮、玉米粉、饲用枣粉等）混合，将水分调节至70％以下，然后进行青贮。可以将切短的苜蓿与其他切短的饲草用铲车混合，然后进行青贮。

选择现蕾期至初花期刈割苜蓿，调制成青贮饮料

苜蓿含水量调节至45%~60%时，青贮成功率较高

图 3-10　收获苜蓿原料以制备青贮饲料的标准

41. 青贮容器应该怎样清理？

在制作青贮饲料前，一定要彻底清理青贮容器。

以青贮窖为例，青贮窖建成后通常会残留建筑垃圾，使用后会残留陈旧青贮饲料，如果不清理，可能对新制作的青贮饲料造成污染，引起发霉变质。在制作青贮饲料前，必须彻底清理青贮窖，将残留的陈旧饲料处理掉，并用大量清水冲洗青贮窖墙面和地面。清洗后，曝晒 3 天或用 1％～2％漂白粉消毒。

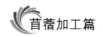

如果青贮窖出现破损必须及时修补，出现尖刺必须及时刮平。

清洗后，曝晒3天或用1%~2%漂白粉消毒

图 3-11 青贮窖的准备

42. 苜蓿怎么切碎？

苜蓿的切碎方式包括固定地点切碎和捡拾切碎两种方式。固定地点切碎是将晒好的苜蓿由田间运到青贮设施的旁边，采用切碎机械切成1~2cm的碎段，然后装入青贮设施。捡拾切碎是将晒好的苜蓿在田间捡拾过程中直接切成1~2cm

苜蓿的切碎方式主要包括固定切点切碎和捡拾切碎

图 3-12 苜蓿原料的切碎方式

的碎段。配备了添加剂喷洒设备的捡拾切碎机械可以在切短的同时完成添加剂的喷洒工作。在田间捡拾切碎时，草段直接装入运输车辆，再送到青贮设施附近。

43. 苜蓿青贮可以用哪些添加剂？

青贮添加剂有发酵促进剂、不良发酵抑制剂、有氧变质抑制剂、营养型添加剂、吸收剂五种。大部分青贮添加剂都可用

于苜蓿。苜蓿青贮常用的发酵促进剂有糖蜜、乳酸菌；不良发酵抑制剂有甲酸、丙酸；有氧变质抑制剂有布氏乳杆菌、甲酸、乙酸、丙酸、山梨酸；营养型青贮饲料添加剂有碳水化合物，如葡萄糖、蔗糖、糖蜜、谷类、乳清、淀粉等，矿物质，如食盐、石粉等；吸收剂常用来调节苜蓿水分，有麦秸、稻秸、玉米秸、豆荚等。

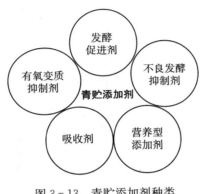

图 3-13　青贮添加剂种类

44. 调制窖贮苜蓿青贮饲料的流程是什么？

苜蓿窖贮第一步是窖底及四周铺设塑料薄膜以隔绝氧气和水，做好青贮窖的清理工作；第二步是调节水分，第三步是将苜蓿原料铡成长度为 1～2cm 的碎段；第四步是入窖装填压实，填装工作应在 3d 内完成，越短越好；第五步是密封。随着青贮发酵时间的延长，内部青贮环境逐渐稳定并且成熟，加上上层压力，窖内青贮料会慢慢下沉，土层上会出现裂缝，出现漏气漏水，空气和雨水等从缝隙渗入，导致青贮料腐败。如果因装窖时踩踏不实，时间稍长，容易遇到雨天产生积水。因此，要随时观察青贮窖状态，要及时修葺，保证青贮成功。一

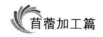
般经过 40～50d（20～35℃/d）的密闭发酵后，即可取用饲喂家畜。保存好的青贮饲料可以存贮几年或十几年的时间。

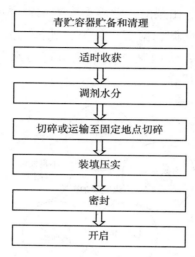

图 3-14 调制青贮饲料的流程

45. 青贮窖怎么装填?

青贮前应将青贮设施清理干净。青贮设施墙壁可铺一层塑料，以加强密封。装填时，应边填边压实，逐层装入。时间不能过长，小型设施当天完成，大型设施 2～3d 内封窖。

切碎的原料在青贮设施中要求装匀和压实。青贮原料压得越实越好，越实越能促进乳酸菌的繁殖，抑制好气性微生物的活

图 3-15 运输切碎后苜蓿
饲料运至固定地点

动。靠近墙壁和夹角的地方不能留有空隙，避免发生霉变。一般可以采用拖拉机或铲车等常用机械压实。避免带进泥土、油垢、金属污染物。压不到的边角可采用人力进行踩压。

46. 青贮怎么压实？

制作青贮过程的重要步骤就是压实。为取得良好的压实效果，需要采用重量大、轮胎较为平整的拖拉机完成。常用的有宽轮胎四轮拖拉机和履带式拖拉机两种。轮胎式拖拉机碾压后碾压面光滑平整，但是爬坡能力较弱。履带式拖拉机的优点是爬坡能力好，但是作业面窄，对窖墙的压实效果较差，且容易造成青贮设施地面的损伤。原料装填压实之后，应立即用青贮专用隔氧膜密封，并在顶部覆盖上轮胎等压住上层

图 3-16 压实后的苜蓿窖贮

覆盖膜，其目的是隔绝空气与原料接触，并防止雨水进入。青贮容器顶部用轮胎压实。顶部呈馒头状以利于排水。窖周挖排水沟。密封后，尚需经常检查，发现裂缝和空隙时及时修补，以保证高度密封。

（三）青贮饲料的管理

47. 青贮饲料怎样管理和取用？

青贮窖/壕密封后，应从第 3d 起，每天检查窖顶，如果出现下沉、破损，应及时修补。大约 10d 后，青贮进行到乳酸发酵中后期达到稳定。

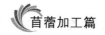

采用苜蓿裹包青贮时，在裹包之间应留有空隙，方便观察。裹包青贮在存放的过程中，可能出现破损情况，也可能出现老鼠啃咬情况，可以使用胶带将破损的地方及时修复。如果投喂鼠药，需要将其与青贮饲料保持一定距离，并标记投放地点，避免混入饲料中。

一般情况下，苜蓿青贮成熟时间应在 50d 以上，之后达到稳定方可投入使用。长方形设施自一端开口，最好使用取料机从上至下均匀取料，并保持取料面平整。如果没有取料机，注意分段使用，防止打洞掏心，以防长期暴露表面。青贮窖自上而下分层取用，喂多少取多少，随取随用。取用后及时将暴露面盖好，减少空气进入。

图 3-17　调制好的青贮饲料取料机械

四、其他饲用苜蓿产品

（一）苜蓿草粉

48. 苜蓿草粉有哪些特性？

苜蓿自然干燥或快速干燥后经过专用设备粉碎而成的草粉即为苜蓿草粉。在实际生产中要特别注意生产加工环节，确保苜蓿草粉的质量。优质苜蓿草粉含有较高的蛋白质、胡萝卜素以及必需氨基酸等营养成分。影响苜蓿草粉品质的因素很多，例如品种、环境、刈割时期、干燥方法、干燥时间、工艺流程、加工机械等。

图 4-1　苜蓿草粉

和其他豆科牧草相比，苜蓿草粉的粗蛋白含量较高，粗纤维含量较低，维生素含量丰富。因此，苜蓿草粉不仅可在反刍动物上应用，而且在单胃动物和家禽上也越来越受欢迎。苜蓿草粉的质量等级也显著影响其应用范围及应用效果，苜蓿草粉

的饲喂可明显提高仔猪日增重和饲料转化率，降低仔猪腹泻率。2012 年颁布实施了关于苜蓿干草粉的中华人民共和国农业行业标准（NY/T 140—2002），苜蓿干草粉品质评定和质量等级见附录 2。

图 4-2　苜蓿干草粉质量分级标准

49. 如何生产和贮藏苜蓿草粉?

在实际生产中，苜蓿干草粉的生产流程为：适时刈割→切短→干燥→粉碎→包装→贮运（图 4-3）。粉碎苜蓿的方法有击碎、磨碎、压碎、切碎等。

苜蓿草粉颗粒较小，比表面积（表面积与体积之比）大，在贮藏和运输过程中，容易接触空气、引起氧化分解、造成营养物质损失。苜蓿草粉吸湿性较强，在贮藏和运输过程中容易吸湿结块，容易滋生有害微生物，导致发热、变质、变味、变

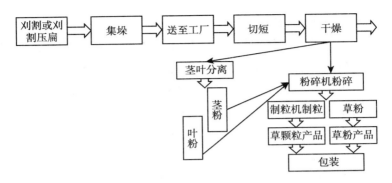

图 4-3　苜蓿草粉和苜蓿草颗粒加工流程

色，丧失饲用价值。因此，苜蓿草粉在生产、贮藏和运输过程中要特别注意远离明火，保证低温、干燥贮藏。

图 4-4　苜蓿草粉如何贮藏

（二）苜蓿成型产品

50. 什么是苜蓿成型产品？

将苜蓿草粉加工成颗粒状、块状、饼状及棒状等固型饲

料，统称之为苜蓿成型产品。这些成型苜蓿草产品前期流程和工艺基本一致，具体差别在成型时所用的压模的区别。目前常见的饲料用产品为苜蓿草颗粒、苜蓿草块、苜蓿草饼及苜蓿草棒（图4-5）。影响苜蓿成型草产品的因素有：水分和温度，原料的粒度，压模特性，压模与压辊的间隙，冷却时间，制粒机的操作与保养等。控制好苜蓿成型草产品加工阶段各个流程对成型草产品的产品品质至关重要。对于压模的要经常进行检修和维护，做到成型产品的外形和质量统一。

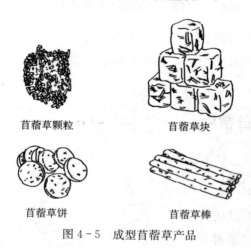

苜蓿草颗粒　　　　　　　苜蓿草块

苜蓿草饼　　　　　　　苜蓿草棒

图4-5　成型苜蓿草产品

51. 苜蓿颗粒饲料的加工工艺是什么？

制粒是饲料加工中最为普遍的工艺之一。颗粒、块状、饼状及棒状等固型饲料的加工工艺和苜蓿草粉流程相近，多了一个制粒或成型环节，其流程应遵守的基本原则是：应至少配两个待制粒配合粉料仓，以便更换配方时，制粒机不需停车；物料进入制粒机之前，必须安装高效除铁装置；制粒机安装到冷却机之上，避免颗粒破碎，省去传输装置；破碎机应放在冷却器之下，破粒或颗粒经提升机送到成品仓上面的分级筛；安装垂直的螺旋滑槽，使颗粒自落仓底免遭破坏；成品打包应放在成品仓之后。

图 4-6　苜蓿制粒机

（三）苜蓿叶蛋白

52. 什么是苜蓿叶蛋白？

苜蓿叶蛋白是指从苜蓿茎叶中提取出来的蛋白浓缩物，苜蓿叶蛋白既可以从新鲜苜蓿叶片提取，也可以从干燥叶片中提取。目前存在多种提取苜蓿叶蛋白的方法。基于不同提取方法，苜蓿叶蛋白中蛋白含量有所差异。一般苜蓿叶蛋白的蛋白含量为 $50\%\sim65\%$，消化率可达 70% 以上。

目前，关于苜蓿叶蛋白的提取工艺和方法有直接加热法、酸碱度法、盐析法、发酵法和有机溶剂法等。在大规模工业生产中，一般采用新鲜叶片进行提取。收割完成后直接经磨碎、榨汁。苜蓿叶蛋白提取工艺流程为：原料清洗→破碎→压榨取汁→分离（不同的提取方法）→离心→沉淀→干燥→叶蛋白制品。

图4-7 苜蓿蛋白的提取方法

53. 苜蓿叶蛋白的作用有哪些?

苜蓿叶蛋白的营养价值较高,可作为优质的蛋白源应用于畜禽的养殖生产中。饲用苜蓿叶蛋白可用作家禽、猪、牛、羊和水产等动物的蛋白质和维生素补充饲料。可以用苜蓿叶蛋白取代动物日粮配方中的部分乃至全部的蛋白质来源,取得较好的饲养效果。

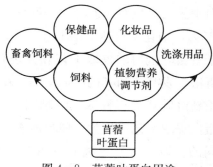

图4-8 苜蓿叶蛋白用途

苜蓿叶蛋白还可以用于保健品、化妆品、洗涤用品、饮料和植物营养调节剂等。另外，苜蓿叶蛋白中还含有丰富的叶绿素、胡萝卜素、维生素和某些活性酶等。其应用领域还在不断地拓宽，前景广阔。

（四）苜蓿饲料用植物活性物质

54. 苜蓿活性物质有哪些？

苜蓿中含有丰富的多糖、黄酮、皂苷类植物活性物质。苜蓿多糖是从苜蓿中提取的植物型酸溶性碳水化合物多糖，其水溶性多糖主要为葡萄糖、甘露糖、鼠李糖、半乳糖醛酸。苜蓿中三萜成分主要为齐墩果烷型五环三萜及其配糖体，其中包含的糖有葡萄糖醛酸、葡萄糖、鼠李糖、阿拉伯糖、木糖等。根据苷元类型又可分为常春藤皂苷元型、苜蓿酸型、大豆皂苷元型、贝萼皂苷元型。苜蓿含有 3 种黄酮，即 7，4-二羟基黄酮、3，4，7-三羟基黄酮、麦黄酮；并且含有 4 种异黄酮，即黄豆苷原、染料木黄酮、7-羟基-4-甲氧异黄酮、生物卡宁 A。苜蓿素是黄酮中独具特色的一种生物活性物质。

图 4-9　苜蓿活性物质

近年来，越来越多的研究发现，苜蓿活性物质对畜禽生产有很好的调控作用，尤其在提高动物的抗氧化、增强机体免疫力方面效果显著，并在一定程度上具有促进动物生长的作用。因此，苜蓿植物活性物质具有替代饲用抗生素的潜力。

五、食品用苜蓿产品

55. 食品用苜蓿产品有哪些?

苜蓿营养价值较高并且富含多种生物活性成分，这些活性物质具有广泛的抗氧化抗菌等功效，因此，也可进步一开发出可食用的苜蓿产品和保健品。食品用的苜蓿草产品有苜蓿芽菜、苜蓿叶渣、苜蓿花粉食品、苜蓿深加工产品等。苜蓿叶蛋白可以作食品的添加剂。苜蓿芽菜和花粉制品都是很好的保健食品。此外，苜蓿的一些提取物可在医疗领域加以应用。随着生活水平的提高和人们对健康优质生活的不断追求，人们对天然生物活性物质的需求也不断增加。苜蓿提取物如苜蓿多糖、皂苷、黄酮等具有抗氧化、抗衰老等多种生物活性功能，因此，在保健品开发方面具有广阔的市场前景。

图 5-1　苜蓿类食品和保健品

56. 什么是苜蓿叶渣和苜蓿芽菜?

苜蓿叶渣是指新鲜苜蓿绿叶经粉碎、榨汁和过滤后所剩的叶渣。苜蓿叶渣的总膳食纤维含量占叶渣总干物质含量的70%以上。苜蓿叶渣是一种良好的天然植物纤维源,生理功能良好。

苜蓿芽菜是苜蓿种子发的芽,和人们最为熟知的绿豆芽、黄豆芽等一样,可以作为一种蔬菜。目前,苜蓿芽菜已逐渐走上了人们的餐桌,为菜肴添加新花样,给人们带来了新口味。

图 5-2　苜蓿芽菜

苜蓿芽菜含有丰富的蛋白质和氨基酸,也含有钙、磷、铁等微量矿物质元素以及维生素 E。维生素 E 具有防止皮肤老化、促进血液循环、减肥等作用。苜蓿芽菜在欧美国家已成为广大消费者的时髦食品,常用作生食、拼盘、作三明治夹菜。

57. 什么是苜蓿深加工产品?

苜蓿深加工产品是将苜蓿植株中某类具有一定功效的化学物质通过化学、物理、生物等技术分离、纯化得到的一类成品或半成品。现在已知的苜蓿深加工产品有花粉食品、叶蛋白、膳食纤维、维生素类、色素类。苜蓿深加工产品具有附加值高、功效成分富集的优点。

苜蓿花粉食品是指将新鲜的苜蓿花经过适当加工处理,制成食物营养添加剂,以适当比例混入面粉,制作出的一种苜蓿精制食品和副食品。

苜蓿膳食纤维是指新鲜苜蓿绿叶经浸泡漂洗、脱除异味、

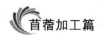

二次漂洗、漂白脱色、脱水干燥、功能
活化和粉碎过筛等步骤后获得的可食用
纤维。苜蓿膳食纤维含有 80% 左右的
可消化膳食纤维，常用于食品加工中，
越来越受到消费者的欢迎。

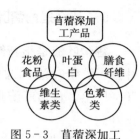

图 5-3　苜蓿深加工
产品种类

苜蓿膳食纤维可在多种食品中应
用，包括焙烤类食品、馒头、面条、饺
子、牛肉馅饼、油炸食品、发酵乳制品
和饮料等。焙烤类食品的添加量为面粉的 5%～10%。在馒
头、面条等主食中，添加量是面粉量的 5%～6%。

58. 如何制作苜蓿挂面和苜蓿汁饮料？

苜蓿叶粉加入到面粉中制成的苜蓿挂面，可提高面条中蛋
白质和膳食纤维的含量，提高挂面的营养价值。苜蓿挂面颜色
鲜绿，能增强食欲。

苜蓿挂面加工的工艺流程如下：

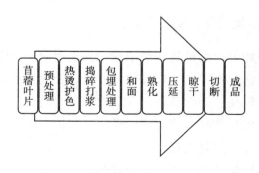

图 5-4　苜蓿挂面加工流程

苜蓿汁饮料是一种新型的天然保健饮品，以新鲜苜蓿为原
料，经打浆、调配、均质、杀菌处理获得。

苜蓿汁饮料制作流程如下：

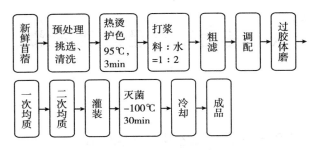

图 5-5　苜蓿汁饮料制作流程

六、苜蓿草产品贮藏技术

59. 苜蓿草产品贮藏过程中要注意什么?

在苜蓿草产品的贮藏过程中，应特别注意植物本身的植物呼吸作用、含水量、环境温度、雨淋、鼠害、霉菌污染等。苜蓿干草在水分没有达到一定水分含量（15%～17%）时，会产生呼吸作用。好氧与厌氧微生物的活动和化学氧化作用促使草垛中的温度升高，从而导致干草贮存过程中干物质损失。贮藏期干草的干物质损失与发热程度成正比。

只有控制好贮藏过程，避免这些因素的危害，才能延长苜蓿草产品的贮藏时间，保障苜蓿草产品的正常流通，延长使用时间，提高饲喂价值。因此，在实际生产中需要特别注意这些事项。

图 6-1 苜蓿草产品的贮藏过程要注意的事项

60. 苜蓿干草应该怎样贮藏?

　　散干草可以采用露天堆垛和草棚堆藏两种方法，减少与空气接触。堆放地点应该选择在地势干燥的地方。选择干燥透气的材料垫底。垛顶覆盖防水层，避免光照及雨淋。压上重物，防止被风吹散。堆垛时要尽量避免垛底与泥土接触，要用石块等垫起铺平。或者在水泥地面上进行堆垛，并高出地面40～50cm。同时应在垛底四周挖排水沟，避免垛基受潮。露天堆垛法虽经济简便适用，但易受到日晒、风吹、雨淋等，使青干苜蓿褪色、损失养分、霉烂变质。草棚堆藏法可大大减少苜蓿干草营养成分的损失。

　　干草捆可贮藏在干草棚、专用仓库或露天地点。各草捆之间尽量缩小空隙。在堆草捆的时候，为了防止倒塌，上层草捆和下层草捆进行错落堆叠。从下往上数第二层草捆开始，可以在每层中设置通风道，通风道宽约25～30cm。各层通风道应该方向不同，纵横交错。在室外堆垛，建议将垛顶部堆成带檐双斜面状。露天存放时，需要在垛顶覆盖塑料布等遮盖物防雨。

　　此外干苜蓿干草在贮藏过程中还应注意远离火源，远离其他易燃物，杜绝火灾隐患。

图6-2　苜蓿干草贮藏草棚

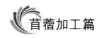

61. 苜蓿干草如何防止被雨淋？

雨水的淋溶造成大量营养物质的损失。其主要原因是：延长了牧草细胞的成活时间，从而延长了呼吸作用；引起叶片的大量营养损失，营养物质的损失造成牧草品质降低；造成一个有利于微生物生长的环境，微生物发酵引起牧草营养成分的损失。

避免雨淋的有效措施是建立集中堆放和晾晒的移动式或固定式仓库顶棚。或者采用人工干燥方法，将苜蓿快速失水保存，避免雨淋。但是其缺点是造价高。在多雨季节或地区，可采用青贮技术生产苜蓿青贮草产品。

避免雨淋的有效措施是建立集中堆放和晾晒的移动式或固定式仓库顶棚

图 6-3　防止苜蓿干草被雨淋的措施

62. 引起苜蓿干草发霉的因素有什么？

饲草特别是干草的霉变已成为全世界普遍存在的问题。引起饲草霉变的主要原因有如下几种：气候潮湿，多雨；饲草含水量较高；生产环节处置不当，如干燥时间不够，加工过程受到污染等；饲草贮藏条件及运输过程中密封不严；饲草的包装不严密；没有使用防霉剂或防霉剂选择劣质过期产品。

污染苜蓿饲草的霉菌毒素主要有六大类，即烟曲霉毒素、呕吐毒素、黄曲霉毒素、玉米赤霉烯酮、T-2毒素、赭曲霉毒素。干草捆以及青贮饲料贮藏期间，因贮藏不当产生的霉菌及霉菌毒素，不仅导致饲料资源的浪费，还容易产生重大生产安全以及食品安全问题，导致养殖户受到损失，影响公民健康。这主要是由于霉菌及霉菌毒素严重降低了饲草的营养价值，影响其适口性，影响家畜生长和畜产品安全。

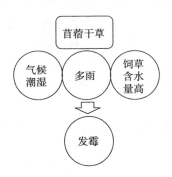

图 6-4　引起苜蓿干草发霉的因素

63. 有哪些防霉方法?

饲草的防霉方法有控制贮藏条件、添加防霉剂、辐射灭菌等。根据 FAO/WHO 要求，防霉剂应具备以下特点：添加量小，无毒性和无刺激性；能溶解达到有效浓度；性质稳定，贮存时不发生变化，也不与饲料或其他成分起反应；无异味、臭味；有较广的抑菌谱等。

针对以上问题，在苜蓿草产品的贮藏过程中，可以选择使用合适的防霉剂来保证苜蓿草产品的安全贮藏，延长其使用寿命。目前常用的防霉剂有化学防霉剂和天然防霉剂两大类。其中化学防霉剂有丙酸类、混合酸类、DMF（N，N-二甲基甲

酰胺）类、双乙酸钠类和富马酸类。

天然防霉剂中可供选择使用的有天然中草药防霉剂，如陈皮、桂皮、生姜、茴香、大蒜等的提取物，氧化钙等天然矿物质以及混合防霉剂等。

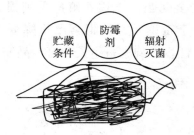

图 6-5　苜蓿草产品防霉方法

64. 苜蓿颗粒饲料和青贮饲料如何贮藏?

颗粒饲料贮存期间很容易滋生微生物，发生霉变。因此，对于颗粒饲料的贮存，应保持安全贮藏的含水量，颗粒饲料安全贮藏含水量为 $11\%\sim15\%$。颗粒饲料最好用塑料薄膜或者其他容器包装，以防在贮运过程中吸湿发霉变质。

在苜蓿青贮贮藏时，要特别注意老鼠的危害。老鼠的啃食行为，会破坏拉伸膜裹包青贮的外膜，导致空气和有害病菌入侵，引起青贮饲料腐败变质。防治鼠害方法有：投喂鼠药（注意投药方式，可能会引起饲草的污染）；使用鼠夹；针对裹包青贮苜蓿产品可以使用防止老鼠啃食的膜。

图 6-6　注意防鼠害

附　　录

附表 1　苜蓿干草捆分级

单位:%

理化指标	等级			
	特级	一级	二级	三级
粗蛋白质	≥22.0	≥20.0，<22.0	≥18.0，<20.0	≥16.0，<18.0
中性洗涤纤维	<34.0	≥34.0，<36.0	≥36.0，<40.0	≥40.0，<44.0
杂类草含量	<3.0	≥3.0，<5.0	≥5.0，<8.0	≥8.0，<12
粗灰分	≤12.5			
水分	≤14.0			

附表 2　苜蓿草粉质量分级〔中华人民共和国农业行业标准 (NY/T 140—2002)〕

质量标准	等级标准					
	一级		二级		三级	
	日晒苜蓿	脱水苜蓿	日晒苜蓿	脱水苜蓿	日晒苜蓿	脱水苜蓿
粗蛋白（%）	≥18	20	≥16	17	≥14	14
粗脂肪（%）	<1.9	1.9	<1.5	1.5	<1.2	1.2
粗纤维（%）	<30	23	<32	28	<34	30
粗灰分（%）	<11	11	<11	11	<11	11
胡萝卜素（mg/kg）	≥130	≥130	≥90	≥90	≥50	≥50

参考文献

侯武英，闫丽珍．2003. 苜蓿草产品及其加工利用 [J]. 农村牧区机械化（4）：21 - 22.

刘丽英．2018. 苜蓿干燥过程中环境因子对营养物质的影响机制及田间调控策略研究 [D]. 呼和浩特：内蒙古农业大学．

刘鹰昊．2018. 苜蓿干草捆品质对加工方式与贮藏条件响应机制的研究 [D]. 呼和浩特：内蒙古农业大学．

刘忠宽，等．2016. 我国苜蓿青贮饲料的加工与利用现状 [J]. 河北农业科学，20（4）：62 - 65.

娜娜．2018. 田间调制技术对苜蓿干燥速率及营养品质的影响 [D]. 呼和浩特：内蒙古农业大学．

石守定，等．苜蓿草产品标准体系与检验体系初谈 [J]. 中国奶牛 2014（1）：41 - 44.

孙启忠．2008. 紫花苜蓿栽培利用关键技术 [M]. 北京：中国农业出版社．

王丽学，等．2018. 不同刈割时期和留茬高度紫花苜蓿品质动态研究 [J]. 中国饲料（3）：40 - 44.

王伟．2015. 刈割技术对紫花苜蓿根系及干草品质的影响 [D]. 呼和浩特：内蒙古农业大学．

徐广，等．2008. 苜蓿深层次开发现状及前景 [J]. 青海草业（2）：18 - 20.

尹强，武海霞，贾玉山．2019. 优质苜蓿干草生产利用关键技术研究 [M]. 北京：中国农业科学技术出版社．

尹强.2013.苜蓿干草调制贮藏技术时空异质性研究［D］.呼和浩特：内蒙古农业大学.

玉柱.2010.牧草饲料加工与贮藏［M］.北京：中国农业大学出版社.

祝美云，王成章.2007.苜蓿食品的开发应用［J］.食品科技（4）：56–58.

图书在版编目（CIP）数据

苜蓿燕麦科普系列丛书．苜蓿加工篇／负旭江总主编；全国畜牧总站编．—北京：中国农业出版社，2020.12（2023.11 重印）

ISBN 978-7-109-27473-0

Ⅰ.①苜… Ⅱ.①负… ②全… Ⅲ.①紫花苜蓿—加工利用 Ⅳ.①S541②S512.6

中国版本图书馆 CIP 数据核字（2020）第 194955 号

中国农业出版社出版

地址：北京市朝阳区麦子店街 18 号楼

邮编：100125

责任编辑：赵　刚

版式设计：王　晨　责任校对：吴丽婷

印刷：中农印务有限公司

版次：2020 年 12 月第 1 版

印次：2023 年 11 月北京第 2 次印刷

发行：新华书店北京发行所

开本：880mm×1230mm　1/32

印张：2.25

字数：45 千字

定价：25.00 元